FORSCHUNGSBERICHTE DES LANDES NORDRHEIN-WESTFALEN

Nr. 1590

Herausgegeben
im Auftrage des Ministerpräsidenten Dr. Franz Meyers
von Staatssekretär Professor Dr. h. c. Dr. E. h. Leo Brandt

DK 629.122

Professor Dipl.-Ing. Wilhelm Sturtzel
Dr.-Ing. Hermann Schmidt-Stiebitz

Versuchsanstalt für Binnenschiffbau e. V., Duisburg
Institut an der Rhein.-Westf. Techn. Hochschule Aachen

Untersuchung von Ellipsoidformen zwecks
Widerstandsverminderung von Flachwasserschiffen

75. Mitteilung der VBD

WESTDEUTSCHER VERLAG · KÖLN UND OPLADEN 1966

ISBN 978-3-663-06483-1   ISBN 978-3-663-07396-3 (eBook)
DOI 10.1007/978-3-663-07396-3

Verlags-Nr. 011590

© 1966 by Westdeutscher Verlag, Köln und Opladen

Gesamtherstellung: Westdeutscher Verlag

Inhalt

1. Einführung 7
2. Übersicht über die Versuche 8
3. Durchführung der Versuche 9
4. Ergebnisse 13
5. Zusammenfassung 36
6. Modelldaten 37
7. Schrifttumsnachweis 39

1. Einführung

Die Ausnutzung der Binnenwasserstraßen zur Bewältigung des stetig wachsenden Transportvolumens setzt einer etwa möglichen Verbesserung der Schiffsformen durch wünschenswerten großen Völligkeitsgrad bestimmte Grenzen. Zwei getrennte Untersuchungsrichtungen ließen eine Verbindung miteinander als aussichtsreich erscheinen. Zur Herabsetzung des vom fahrenden Schiff aufgeworfenen Wellensystems mit günstigen Auswirkungen nicht nur auf den Schiffswiderstand, sondern auch auf den Überhol- und Begegnungsverkehr wie auf die Erhaltung der Wasserstraßenanlagen war in einer früheren Untersuchung ein ellipsoidförmiger Bug mit einem wellendämpfenden Anbau [2] gefunden worden. Andererseits war zur Beeinflussung des Schiffsentwurfs hinsichtlich bestimmter Forderungen von Manövriereigenschaften auch ein elliptischer Hauptspantquerschnitt eines langen parallelen Mittelschiffs [3, 4] untersucht worden. In der vorliegenden Arbeit soll nun die Auswirkung einer Erweiterung der zunächst nur auf die Bugspitze beschränkten Ellipsoidform in zwei weiteren Stufen auf den halben und den ganzen Vorschiffsbereich näher betrachtet werden (wobei die letztgenannte Variante zwangsläufig einen elliptischen Hauptspant ergibt).

2. Übersicht über die Versuche

Kanal	9,8 m breiter Flachwassertank der VBD, stehendes Wasser, schwimmender, an den Tankseiten geführter Strand
Modelle M 380 $\alpha = 16$	Vorschiff wie M 216 aus [2] auch [5], ellipsoidförmiger Bug (bis Spt. 8,5)
M 391	Hinterschiff [5], aus AMANDA entwickelte Heckabwandlung
M 422	Ellipsoidförmiger Bug (etwa bis Spt. 8), vergrößerter Kimmradius, Heckform in Anlehnung an M 391
M 427	Ellipsoidförmiges Vorschiff (bis Spt. 5), elliptischer Hauptspant, Heckform in Anlehnung an M 391
alle Modelle	mit Bugwellendämpfer wie in [2], Modelldaten Abschnitt 6
Anhänge	Den Ruhewasserspiegel tangierender Bugwellendämpfer wie M 216 in [2]
Turbulenzerzeuger	1 mm ⌀ Perlonfaden Spt. 8 und 9
Wasserhöhen	200 und 320 mm entsprechend 3,2 und 5,12 m in Natur
Flachwasserverhältnis	$Hw/Tg = 1,2$ bis $2,56$
Widerstandsfahrten	bis v_{max} Mechanische Messung von Widerstand, Absenkung und Trimm Druckmessungen am Tankboden in Mittelebene des geschleppten Modells Fotoaufnahmen des Wellenbildes an Seite Schiff

3. Durchführung der Versuche

Als Ausgangsmodell mit elliptischem Bug ist M 380 (Abb. 1) gewählt worden. Diese Vorschiffsform hatte sich in der Untersuchung [2] als besonders günstig herausgestellt (dort als Modell M 216 geführt). Desgleichen wurde zur Bugwellendämpfung die dabei erprobte Vorrichtung verwendet. Dasselbe Vorschiff M 380 hat auch in der Untersuchung [5] als Vergleichsbasis gedient. Für die Heckform wurde auf M 391 ebenfalls aus der Quelle [5] zurückgegriffen. Es wurde dort mit abgerundeten Formen – ähnlich denen des Vorschiffs – aus dem Schleppkahnheck »AMANDA« entwickelt. Unter Beibehaltung von Länge, Tiefgang (2 m am Schiff) und Verdrängung wurde weiterhin M 422 (Abb. 2) entworfen, dessen ellipsoidförmiger Bug fast bis zur halben Vorschiffslänge reicht und von dort in einen Hauptspant mit vergrößertem Kimmradius eingestrakt war. Es ist einleuchtend, daß sich der Verdrängungsschwerpunkt dabei rückwärts verlagert (von 2,7 auf 4,15% L hinter Hauptspant).

Die Ausdehnung der Ellipsoidform auf die gesamte Vorschiffslänge, was gleichbedeutend mit dem Einstraken in einen elliptischen Hauptspant ist, wie es an M 427 durchgeführt wurde, läßt sich für die gleiche (kleinere) Verdrängung bei gleicher Länge nur unter Vergrößerung des Tiefgangs um 11% erreichen. Der Verdrängungsschwerpunkt wandert um ein weiteres knappes halbes Prozent nach hinten. Bugwellendämpfer und Hinterschiffsform wurden bei den Modellen M 422 und 427 in Anlehnung an das Ausgangsmodell M 380/391 ausgeführt.

Die Modelle wurden auf Wasserhöhen, die in der Natur 3,20 und 5,12 m entsprechen, auf Widerstand gefahren. Sowohl Widerstand als auch Absenkung und Trimm wurden in bekannter Weise mechanisch gemessen. Der Druckverlauf während einer Durchfahrt des Modells durch den Tank wurde mittels einer empfindlichen Druckdose über eine Anbohrung im Tankboden in der Modell-Mittellängsebene gemessen und durch ein Schreibgerät (Visicorder) sofort sichtbar aufgezeichnet. Bei rechtzeitiger Einschaltung wurden die vorlaufenden Wellen [5, 6, 7] auf dem Schrieb miterfaßt. Durch Veränderung des Ruhewasserspiegels ließ sich die Druckhöhe eichen.

Mit fotografischen Aufnahmen von Seite Schiff wurde das Wellenbild festgehalten.

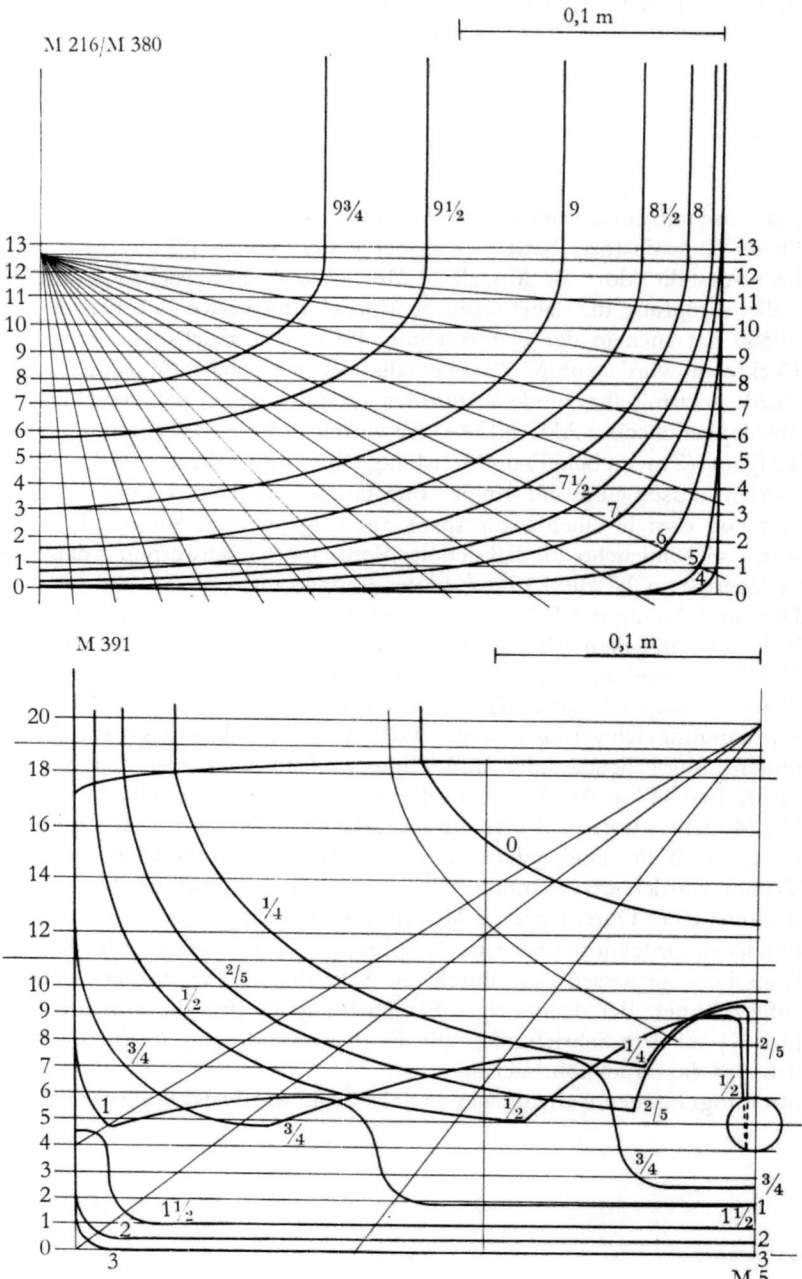

Abb. 1

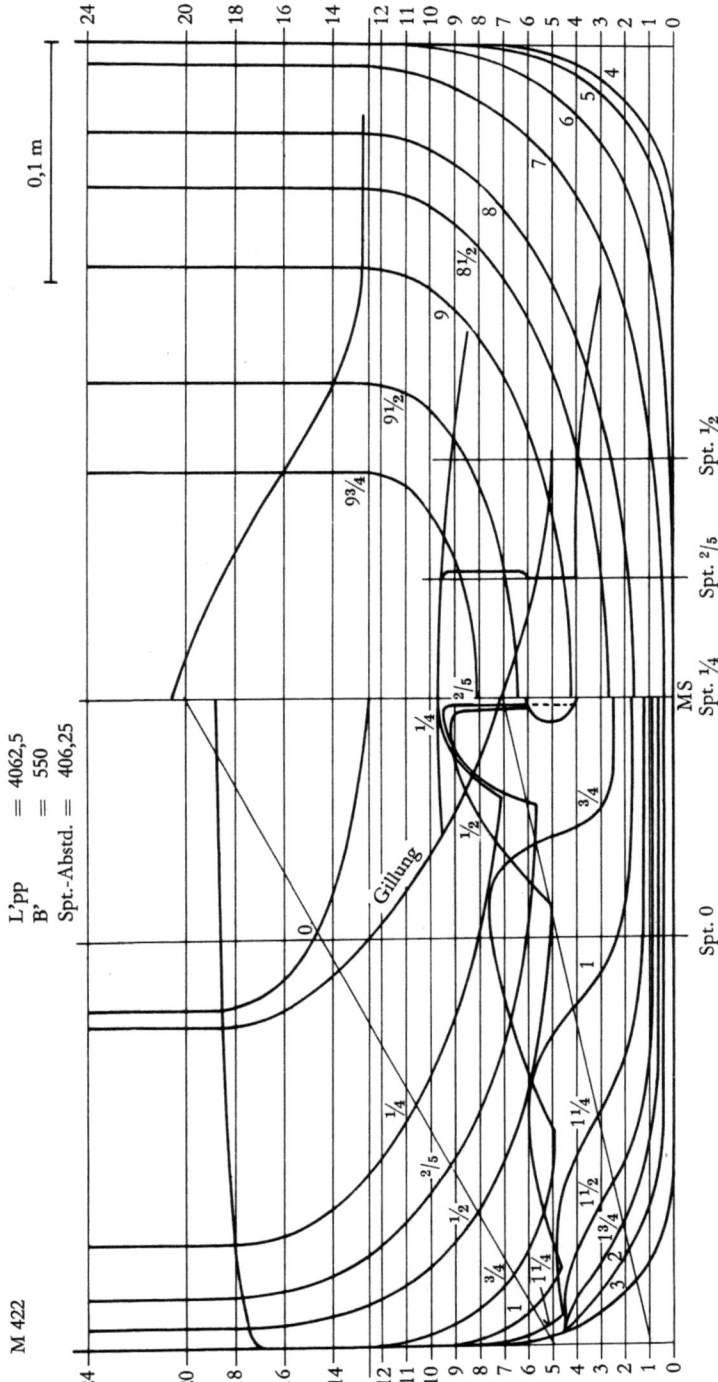

Abb. 2

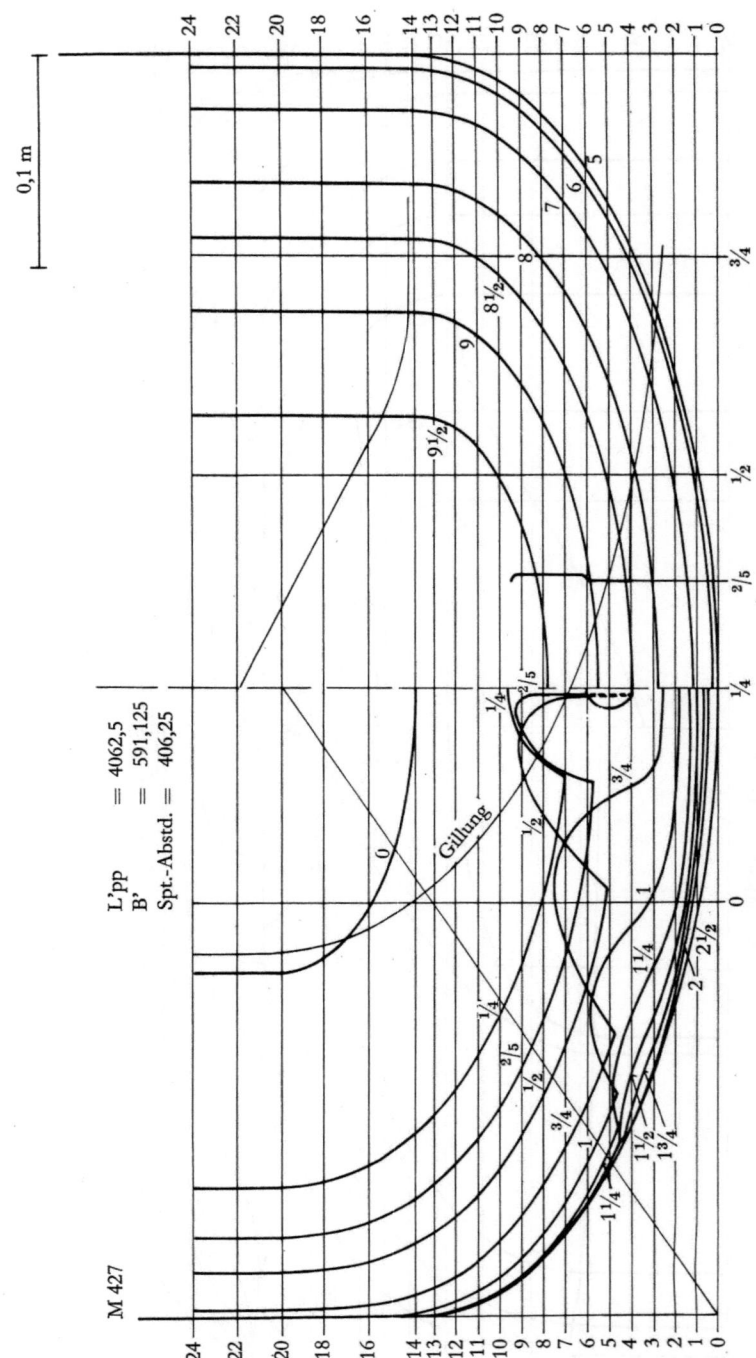

Abb. 3

4. Ergebnisse

Die Widerstandsmessungen (Abb. 4–9) lassen bei einfacher Gegenüberstellung besonders im unteren, bis zum steilen Anstieg gehenden Bereich Vorteile der Formvarianten M 422 und 427 gegenüber dem Ausgangsmodell M 380/391 erkennen. Durch den angebrachten Bugwellendämpfer ist der steile Widerstandsanstieg zu der größtmöglichen Geschwindigkeit hinausgeschoben, so daß über seine Wirkung hinausgehende Einsparungen, wie sie in der Untersuchung [2] gemacht wurden, nicht mehr erzielbar sind. Wohl kann, wie hier geschehen, durch Veränderungen an der Unterwasserform der Strömungs- und Druckverlauf beeinflußt werden, was sich auf den unterhalb des steilen Widerstandsanstiegs liegenden Geschwindigkeitsbereich auswirkt. Die genaueren, prozentual ausgedrückten Widerstandsverbesserungen der Formvarianten M 422 und M 427 (Abb. 10 und 11) zeigen ein Maximum bei einer Geschwindigkeit von etwa 0,65 v_{stau}. Eine Gegenüberstellung mit den anderen Meßgrößen (Abb. 14, 15) zeigt, daß die Trimmveränderungen zwischen den Modellvarianten bei derselben Geschwindigkeit ein Minimum der Kopflastigkeit aufweisen. Für die Absenkung (Abb. 12 und 13) ist die Tendenz nicht ganz so klar übereinstimmend. Die Änderungen in der Umströmung des Unterwasserschiffes lassen sich selbst im Wellenbild an Seite Schiff (Abb. 16, 25 und 26) nachweisen. Die Modelle M 422 und M 427 zeigen gegenüber M 380/391 eine Rückverlagerung des mittleren Wellenberges bzw. Niveauanhebung im Achterschiff (Abb. 16), was zwanglos die Trimmänderungen erklärt. Die Druckmessungen (Abb. 17–20) bei der kleineren Wasserhöhe ergeben für die Modelle M 422 und M 427 kleinere Neigungen des Verlaufs von der vorderen Überdruckspitze zur Unterdruckspitze an der achteren Schulter, d. h. durch die Verlängerung des ellipsoidförmigen Bugs wurde ein allmählicher und damit besserer Strömungsübergang von der ungestörten Strömung bis zur größten Querschnittseinengung am Hauptspant geschaffen. Man kann gerade bei Fahrt auf der kleinen Wasserhöhe durch diese Formgebung den Abbau der Überdruckspitze am Bug bemerken. Wie in der Untersuchung [5] wurde das Schreibgerät schon vor Eintreffen der sogenannten vorlaufenden Welle an der Meßstelle eingeschaltet und diese auch aufgezeichnet. Sie besteht nach den Meßschrieben (Abb. 17–20) im wesentlichen aus einer keilförmigen Erhebung des Wasserspiegels, die bei der kleinen Wasserhöhe auf ihrem sachte abfallenden Rücken noch mehrere Wellenzüge erkennen läßt, während auf der größeren Wasserhöhe die Erhebung nach einem halben Wellenzug abklingt. Die Welle erstreckt sich in gerader Front über die ganze Tankbreite. Das über den Ruhewasserspiegel reichende Volumen (Abb. 22) bewegt sich in der Größenordnung der einfachen bis doppelten Modellverdrängung. Es steigt fast durchweg mit zunehmender Modellgeschwindigkeit an. Ein durch das Diagramm der Auswertungsergebnisse (Abb. 22) gelegter

Schnitt bei $0{,}7 \cdot v_{\text{Stauwelle}}$ läßt die Verdrängung des Inhaltes der vorlaufenden Welle mit flacher werdendem Wasser [d. h. Hw/(Hw — Tg) ansteigend Abb. 23] erkennen. Bei einem Flachwasserverhältnis Hw/(Hw — Tg) von etwa 2 unterscheiden sich die Ergebnisse der drei Modellvarianten kaum und weisen dort ein Minimum auf, während bei dem Verhältnis Hw/(Hw — Tg) von etwa 3 ein Maximum zu erkennen ist. Es fällt auf, daß für die Mächtigkeit der vorlaufenden Welle sich die Rangordnung der drei Modellvarianten zwischen sehr flachem und tieferem (kleine Abszissenwerte) Wasser vollkommen umkehrt. Die Beobachtung mehrerer Wellenzüge bei größeren Geschwindigkeiten auf kleineren Wasserhöhen wurde auch schon früher [6] gemacht. Hier ist der Versuch unternommen worden, einen Zusammenhang zwischen den Meßwerten zu finden. Die verschiedenen gefahrenen Flachwasserverhältnisse erlauben, die Druckdifferenz zwischen Bugüberdruck und dem Unterdruck an der hinteren Schulter auszuwerten (Abb. 24) und sie ins Verhältnis zum herrschenden Staudruck zu setzen. In einer Auftragung über der auf die Stauwellengeschwindigkeit bezogenen Geschwindigkeit lassen die kurzen, aus Meßwerten resultierenden Kurven gleichen Parameters Hw/Tg verschieden steilen Anstieg (Abb. 24) erkennen. Nach dem mutmaßlichen Weitergang dieser Kurven scheint die Grenze für das Auftreten eines oder mehrerer Wellenzüge die stärkste Krümmung im Anstieg dieser Kurven zu sein. Diese Grenzlinie scheint sich zu der bisher bereits als kritisch bezeichneten Geschwindigkeit auf der Abszisse $v_{\text{kr}} = \sqrt{0{,}833\,gh}$ hinzuziehen. Die in dieser Grenzlinie zum Ausdruck kommende Verlagerung von v_{krit} zu kleineren Geschwindigkeiten bei abnehmendem Flachwasserverhältnis ist identisch mit der Verschiebung des Absenkungsmaximums, wie es an schnellen Fahrgastschiffmodellen [8, 9] gemessen wurde. Ein vertikaler Schnitt bei einer Geschwindigkeit $v = 0{,}65 \cdot v_{\text{stau}}$ (Abb. 24) läßt das hyperbolische Abklingen mit zunehmendem Flachwasserverhältnis Hw/Tg erkennen. Die noch genauere Erforschung der hier erörterten Verhältnisse dürfte der Erweiterung unserer Kenntnisse über die Strömungsvorgänge auf flachem Wasser dienen und erscheint dringend wünschenswert. Ein Zusammenhang zwischen der steilen Zunahme der Druckdifferenz am Schiff (Abb. 24) und der Geschwindigkeitsabnahme der vorlaufenden Welle (Abb. 21) bei etwa der kritischen Geschwindigkeit zeichnet sich deutlich ab.

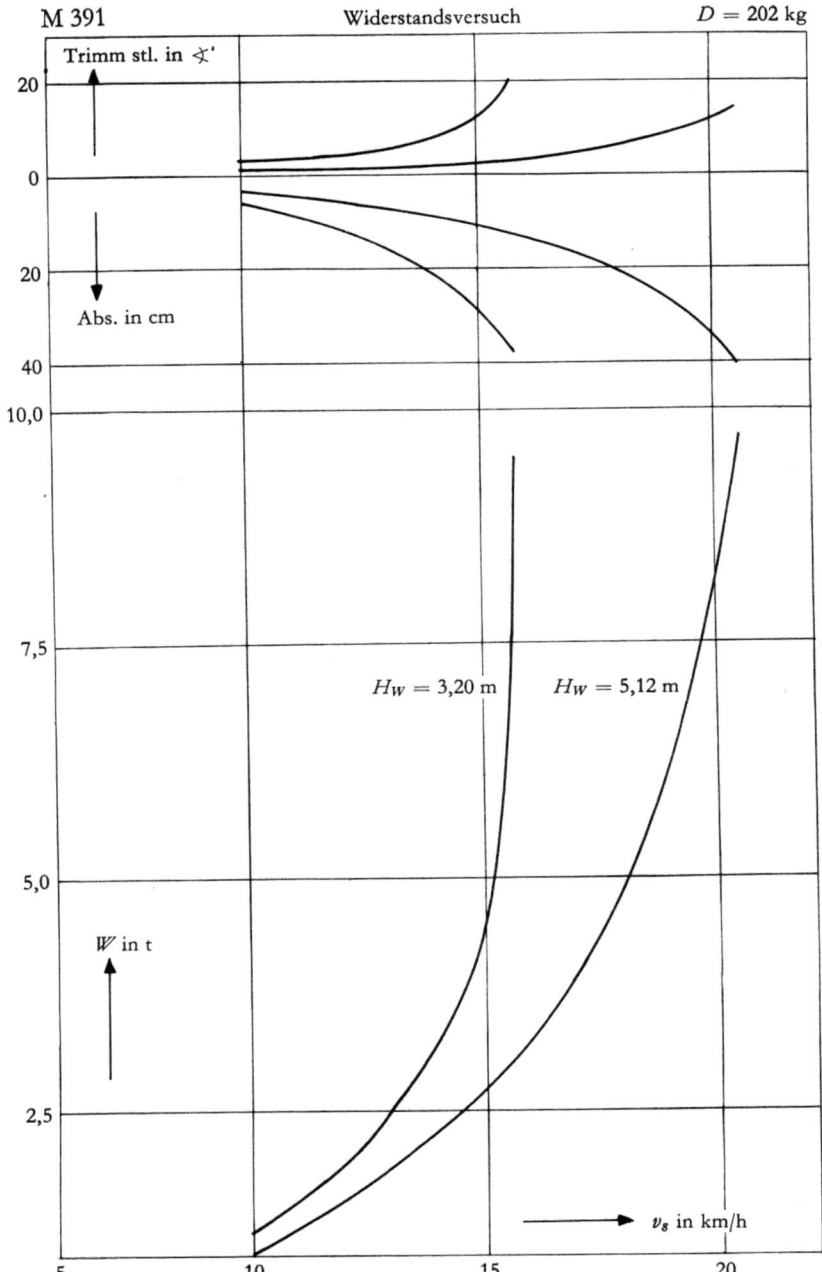

Abb. 4

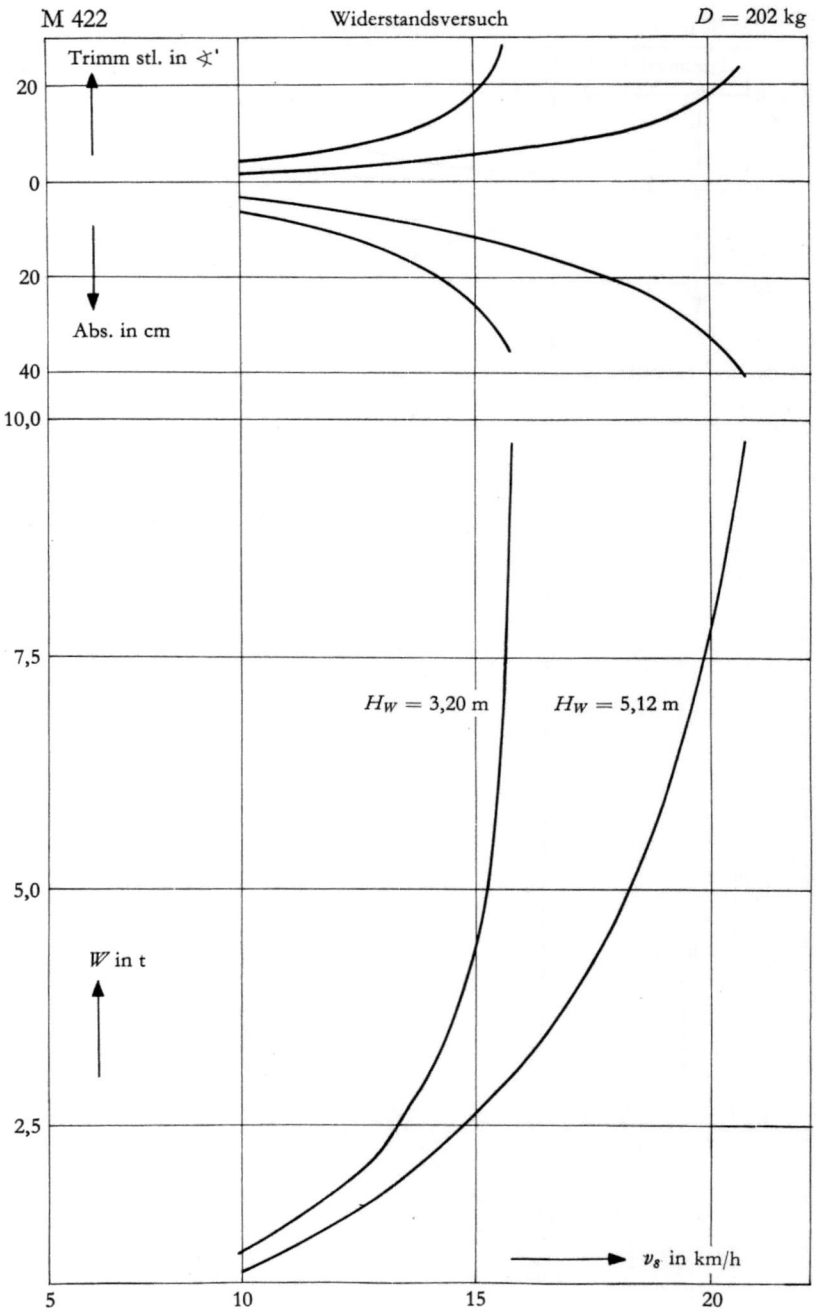

Abb. 5

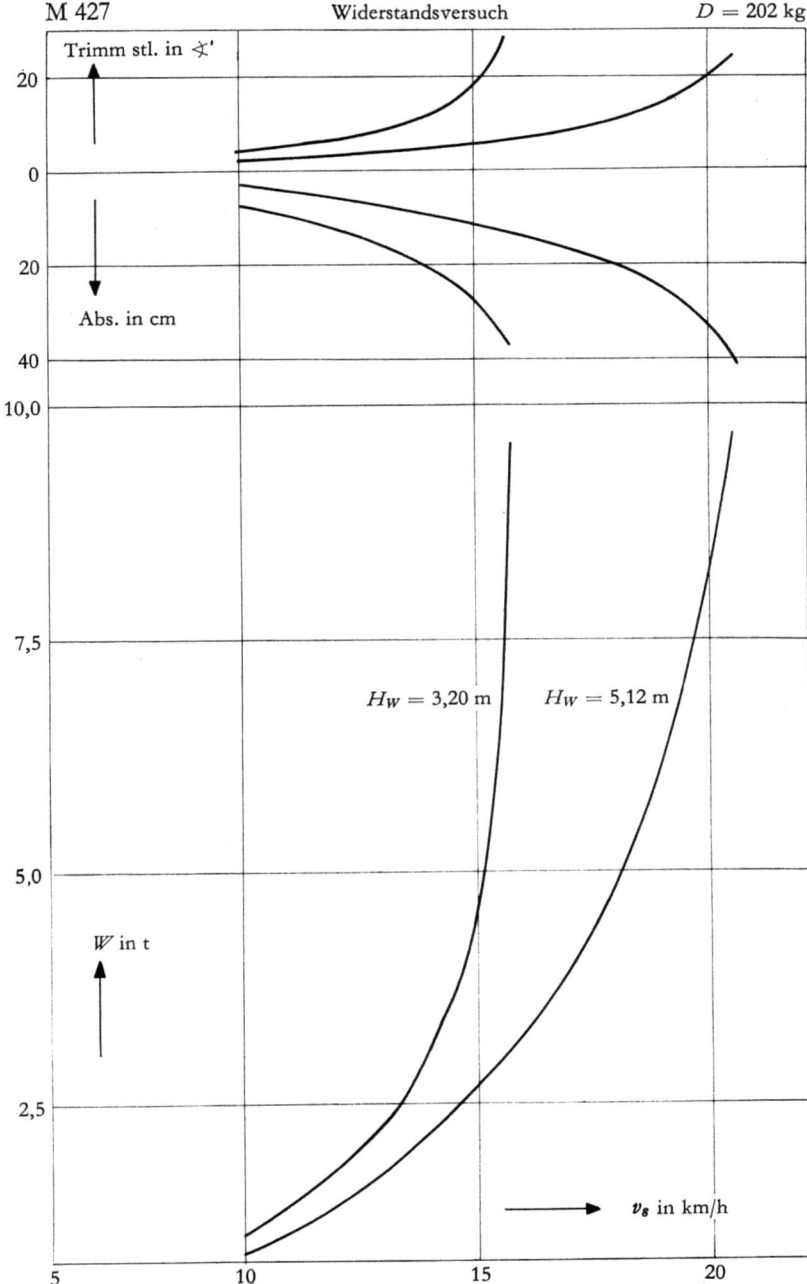

Abb. 6

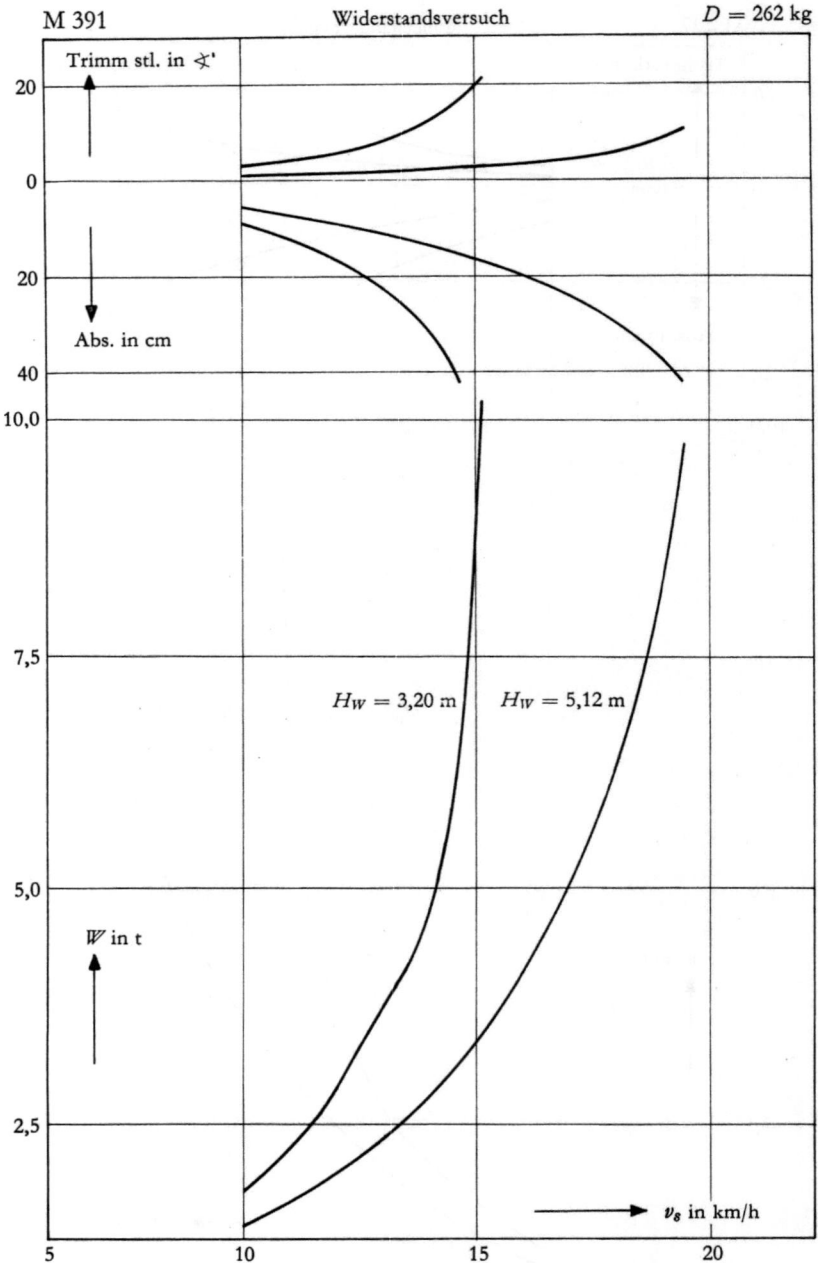

Abb. 7

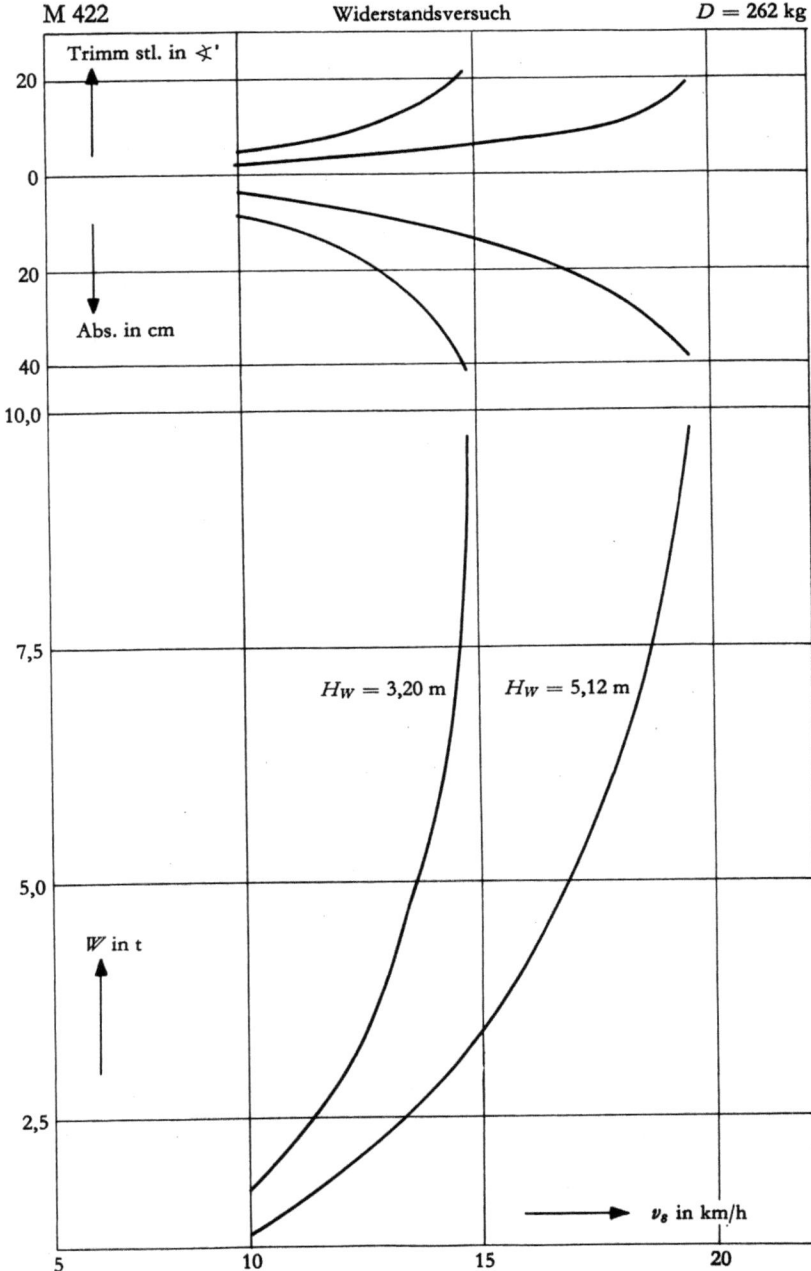

Abb. 8

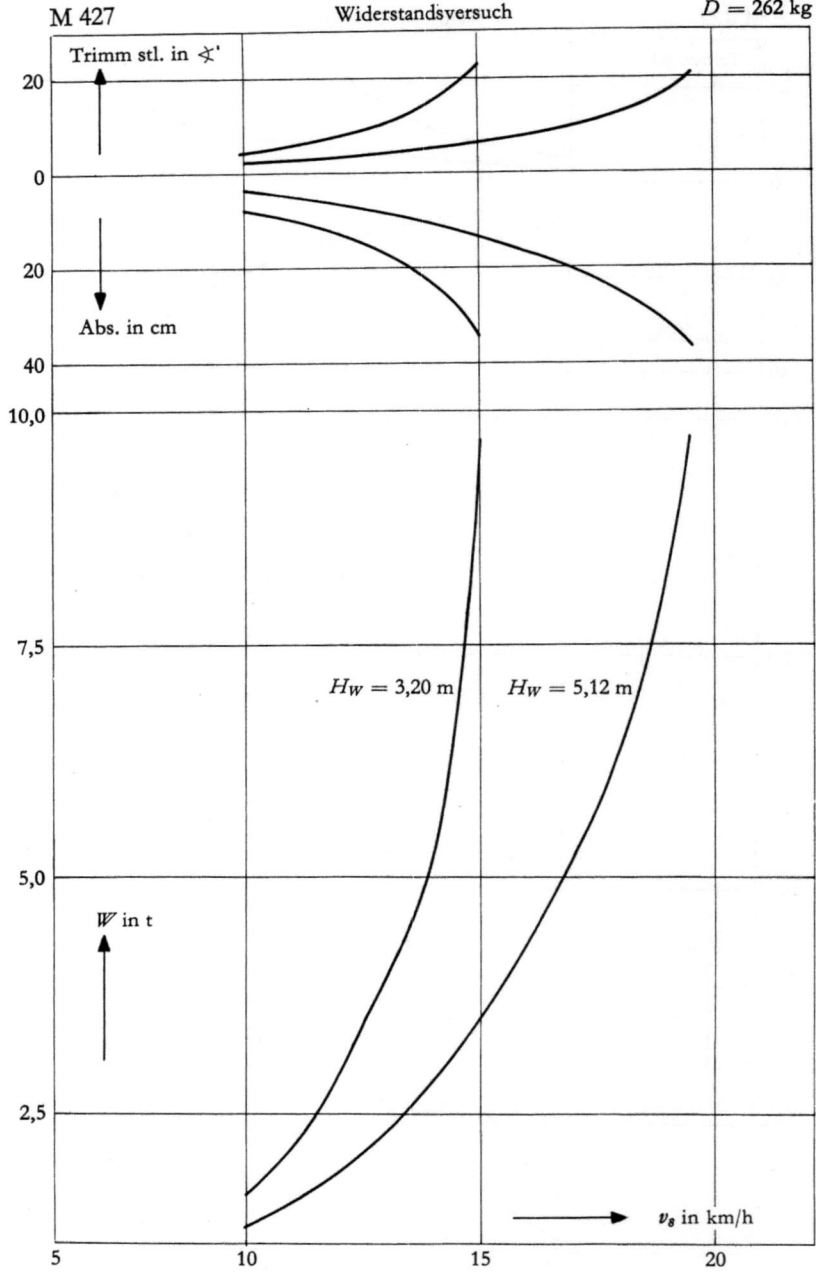

Abb. 9

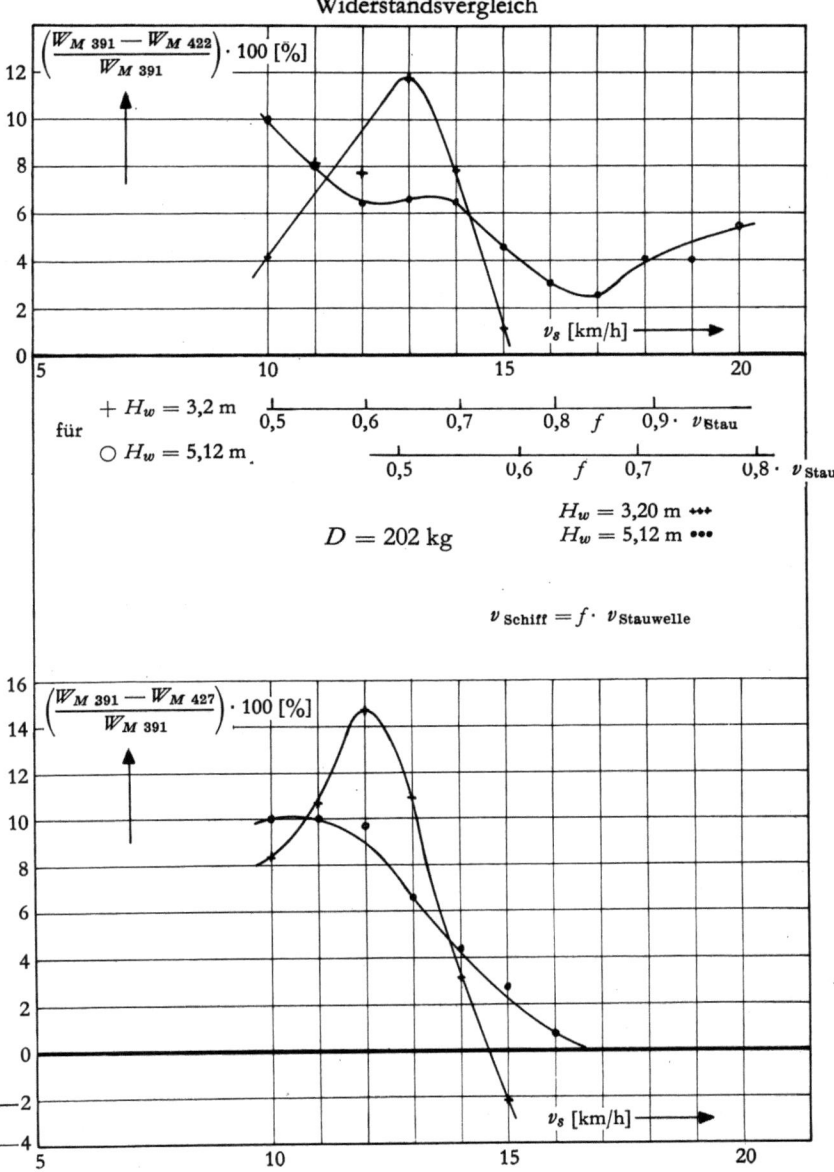

Abb. 10

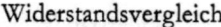

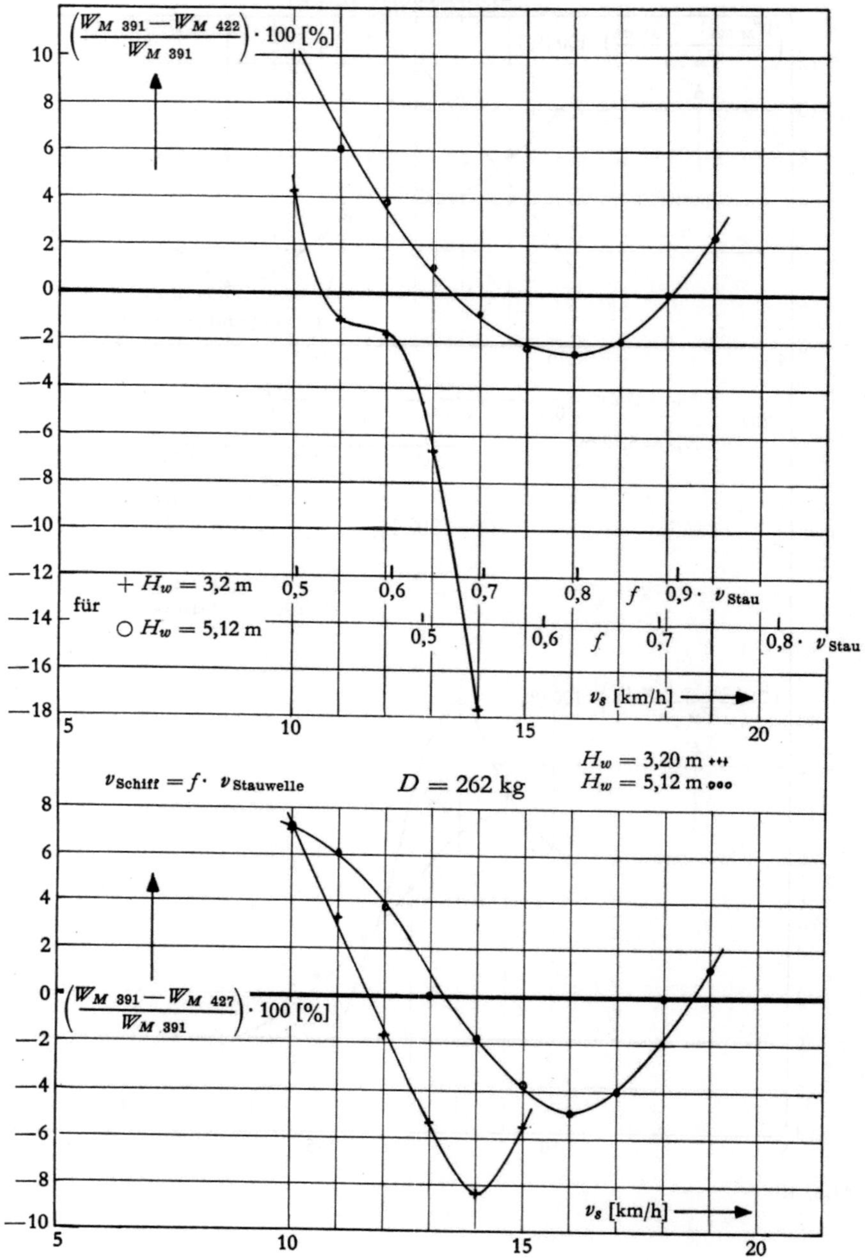

Abb. 11

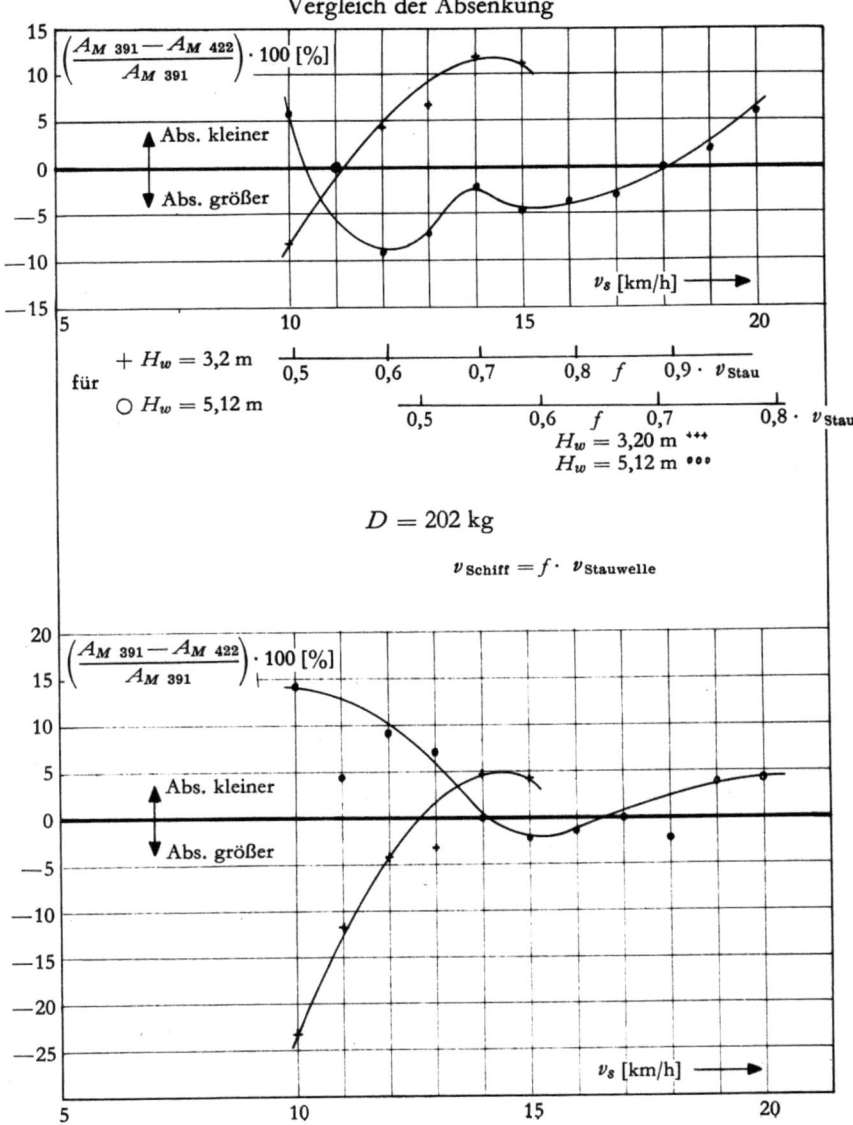

Abb. 12

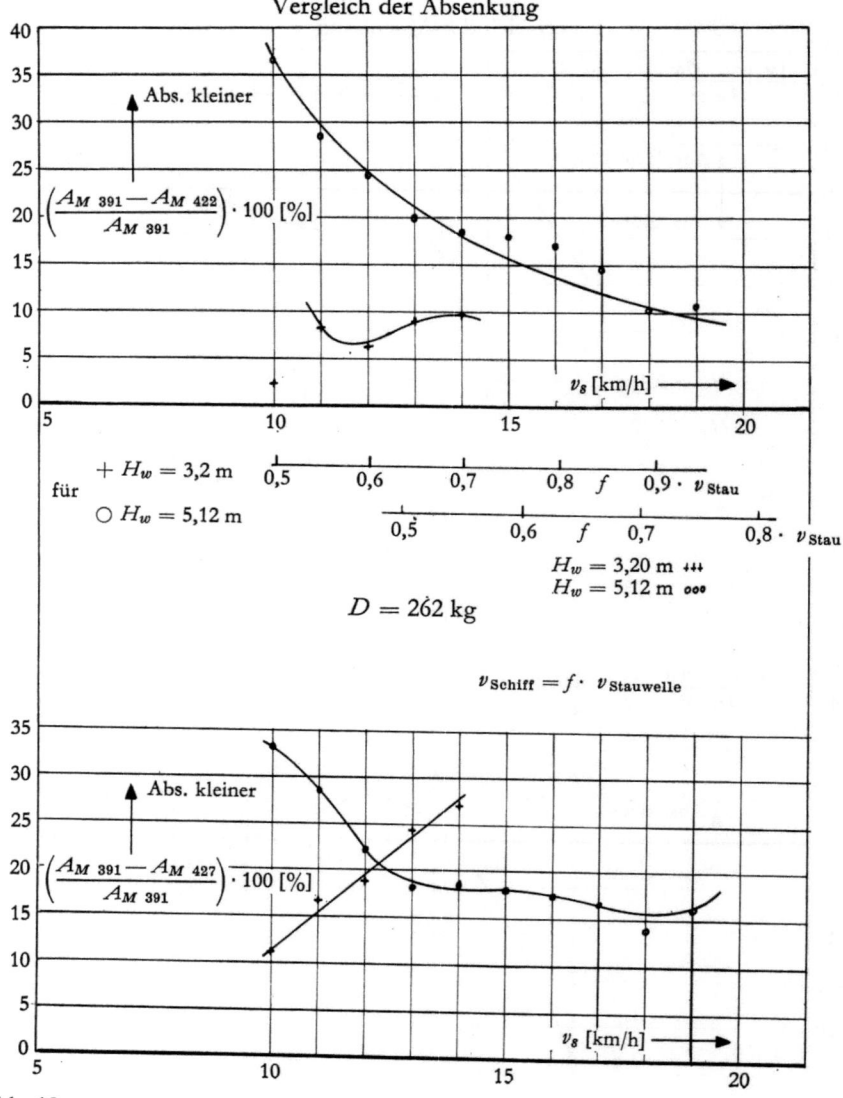

Abb. 13

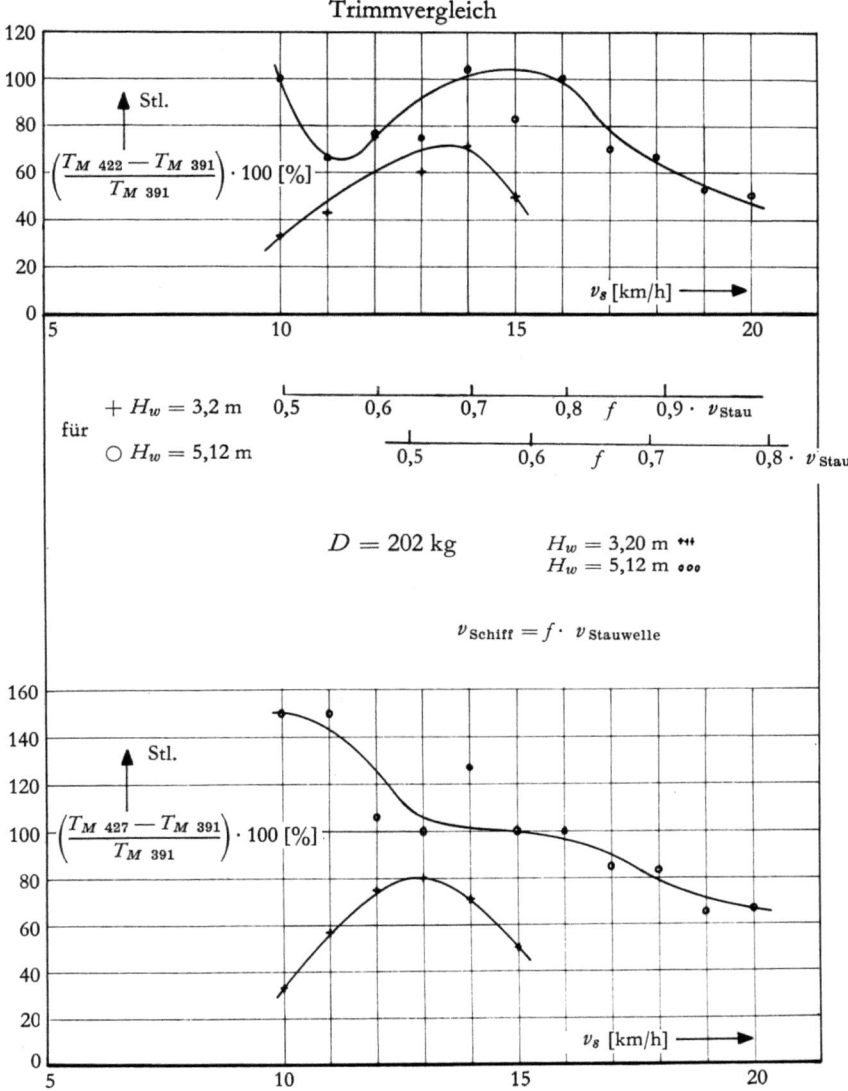

Abb. 14

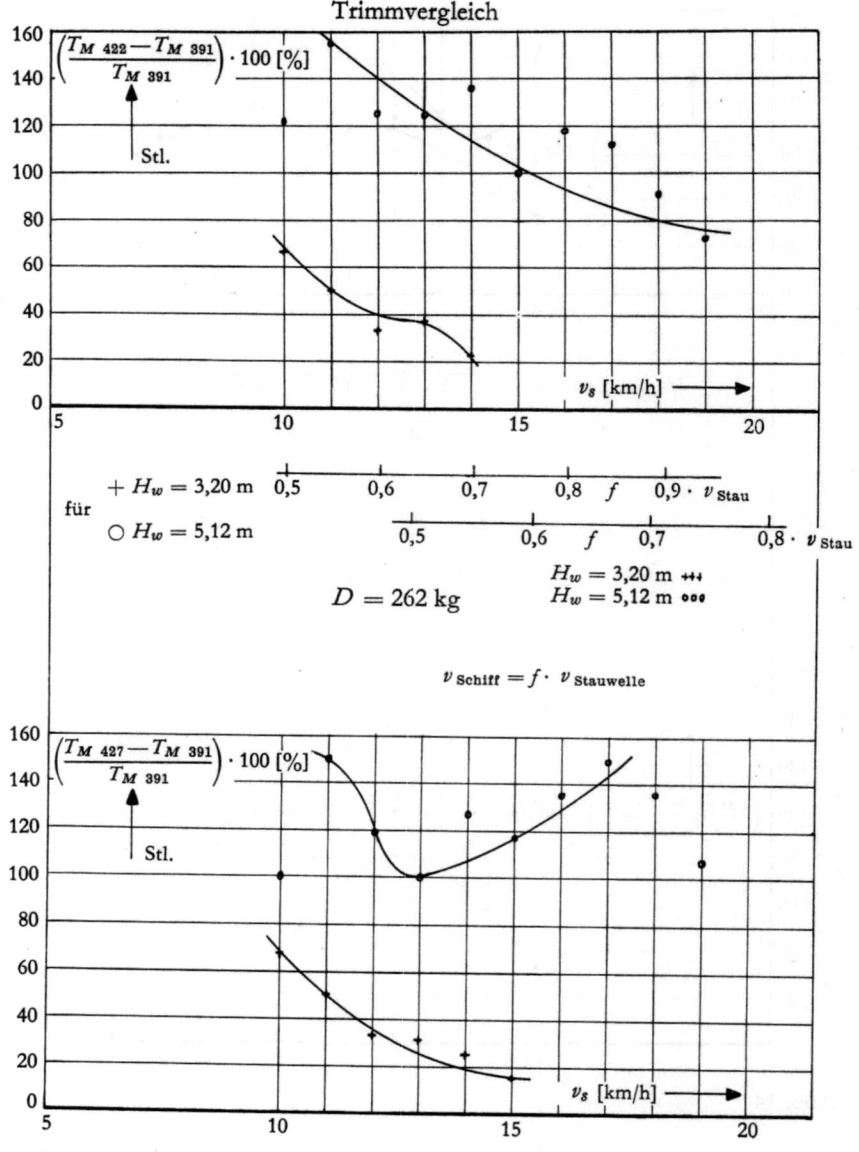

Abb. 15

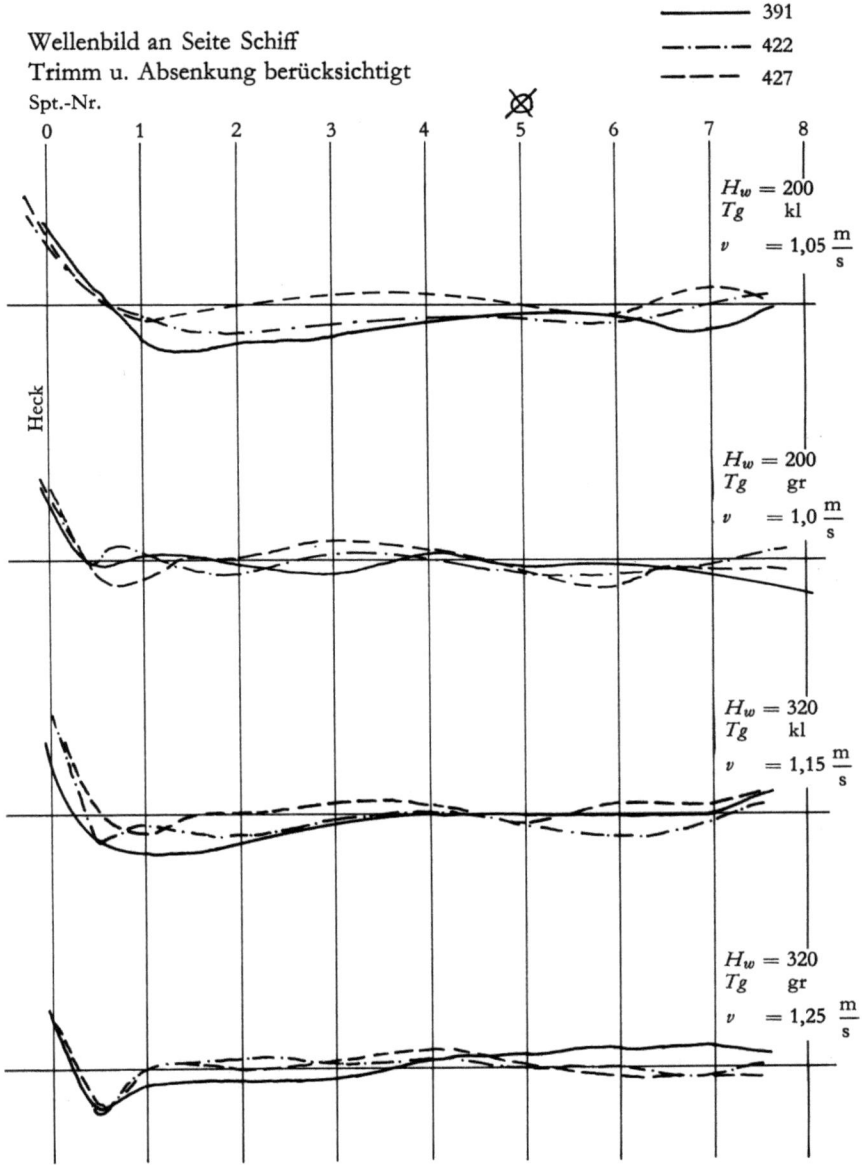

Abb. 16

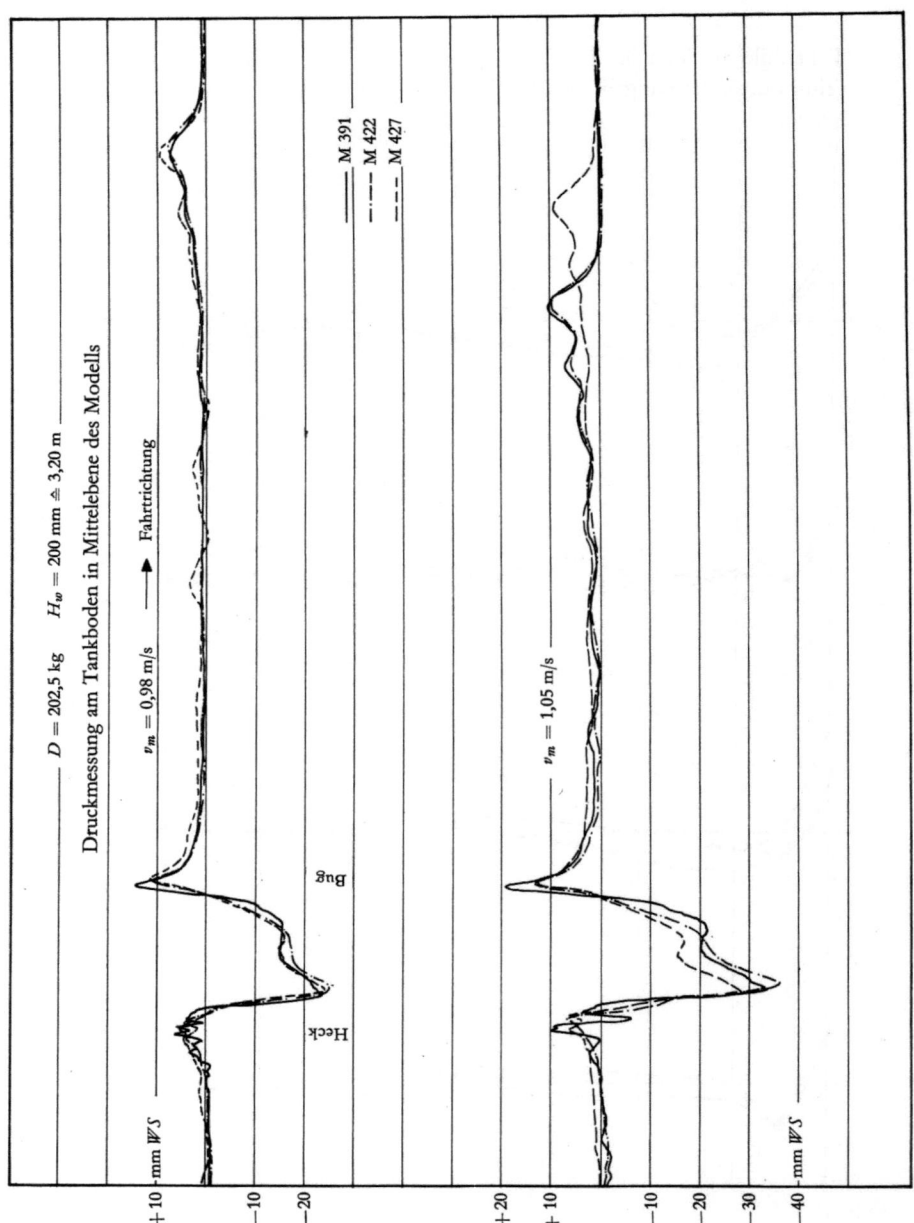

Abb. 17

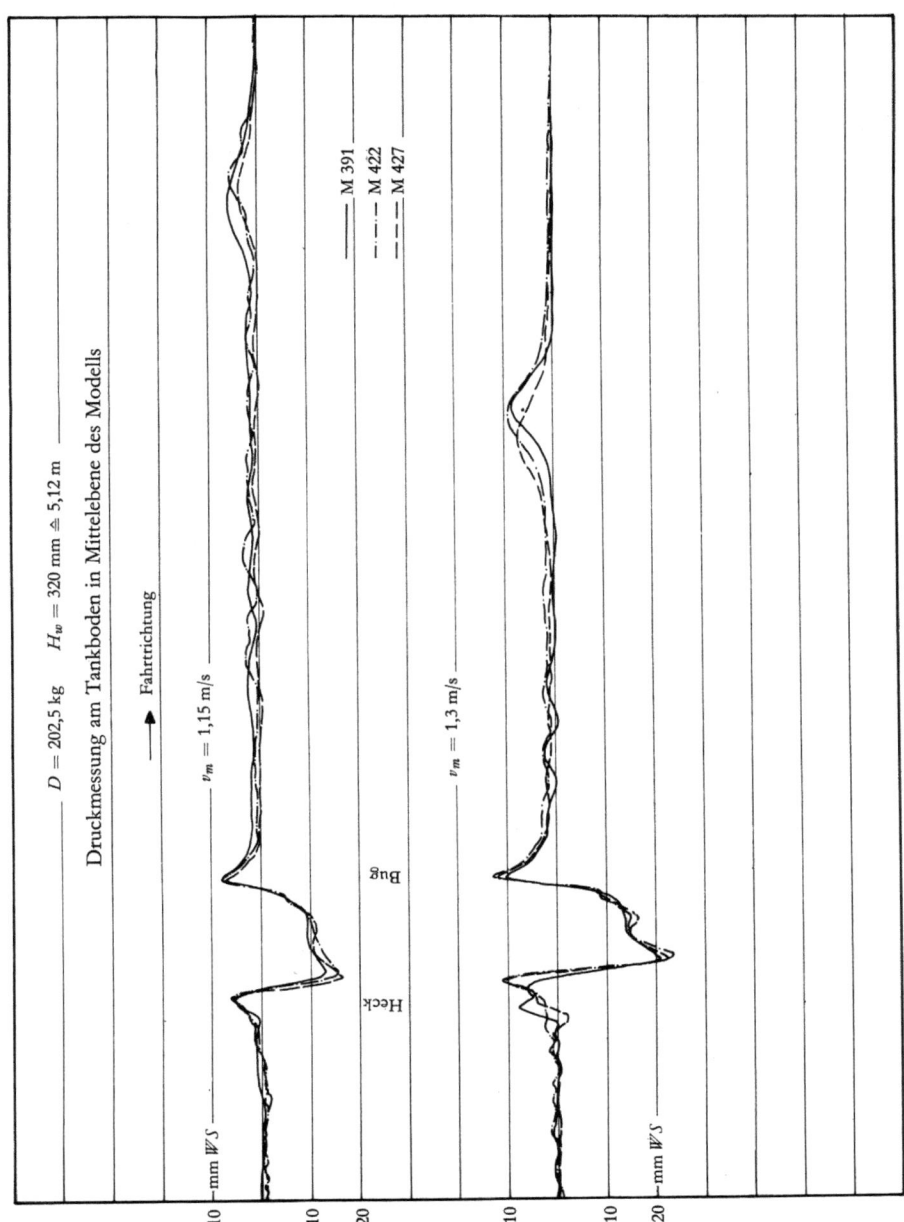

Abb. 18

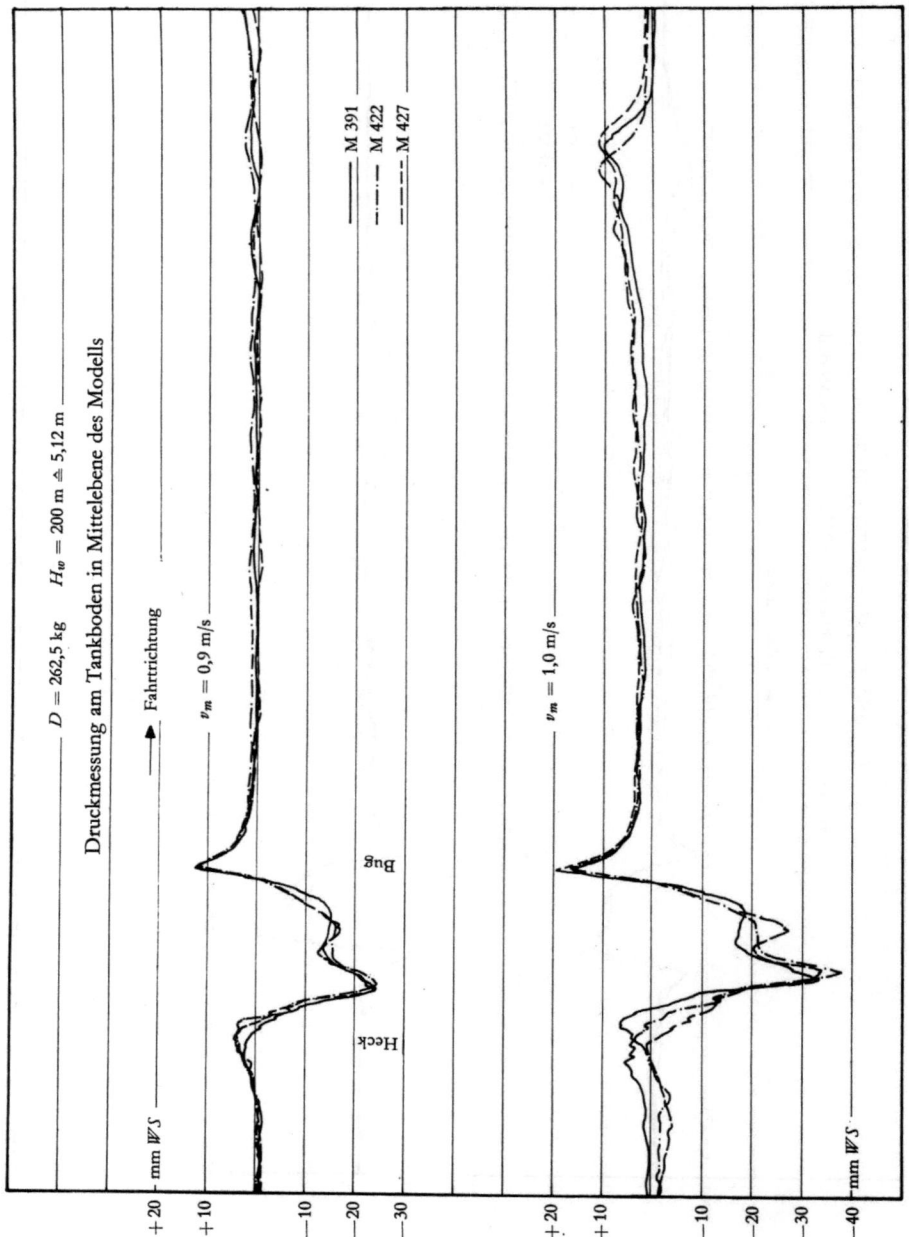

Abb. 19

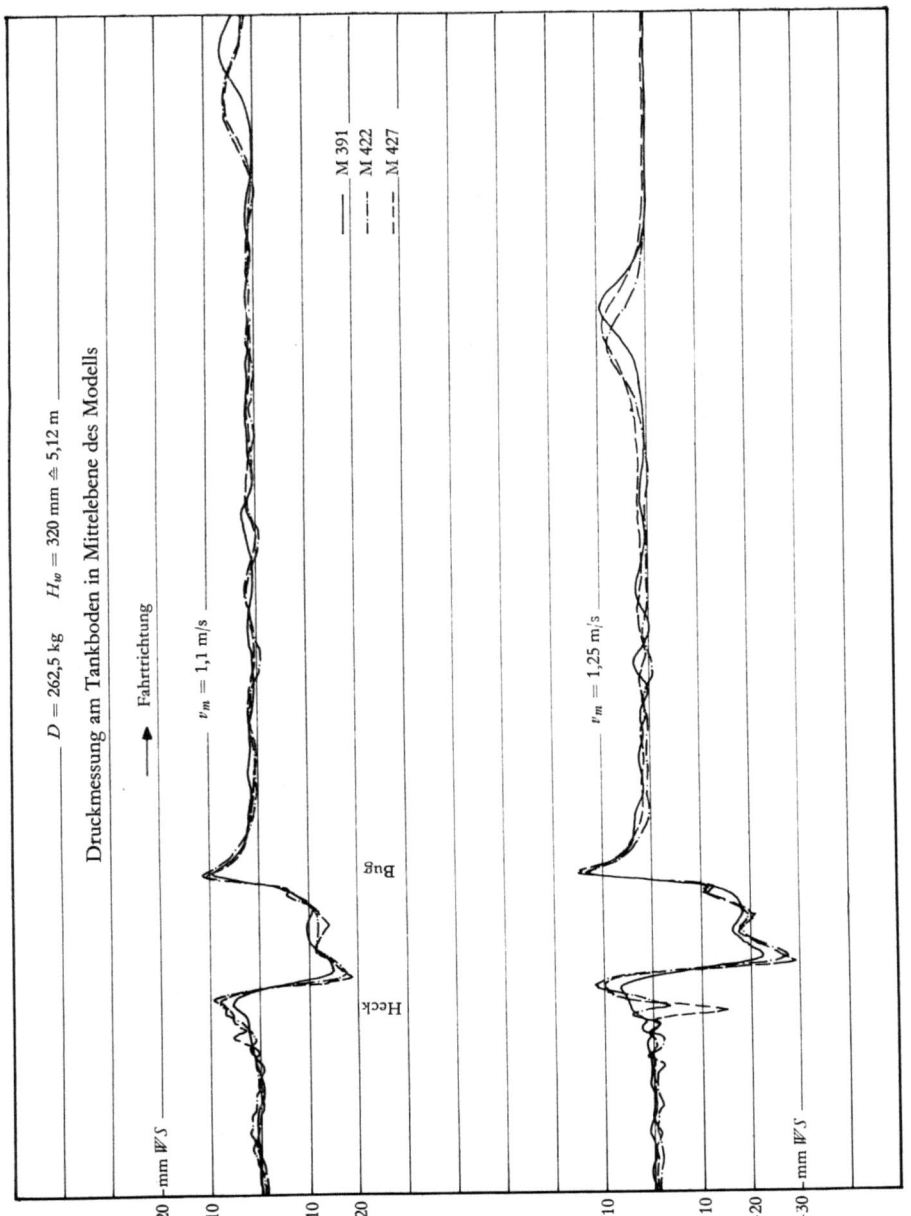

Abb. 20

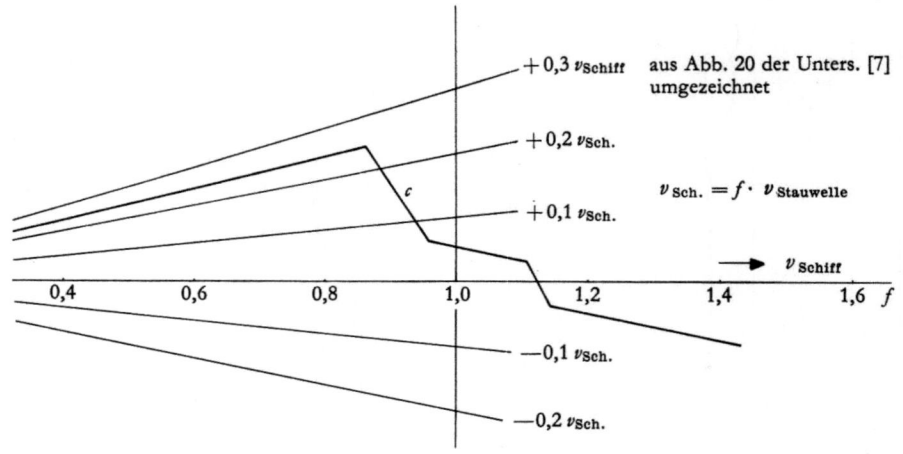

Geschwindigkeit der vorlaufenden Welle $v_w = 1 + c$

Abb. 21

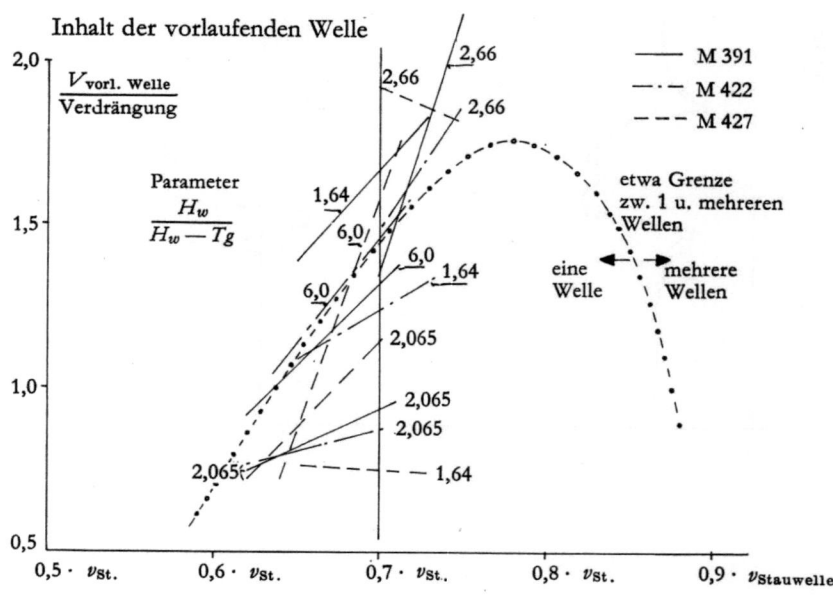

Abb. 22

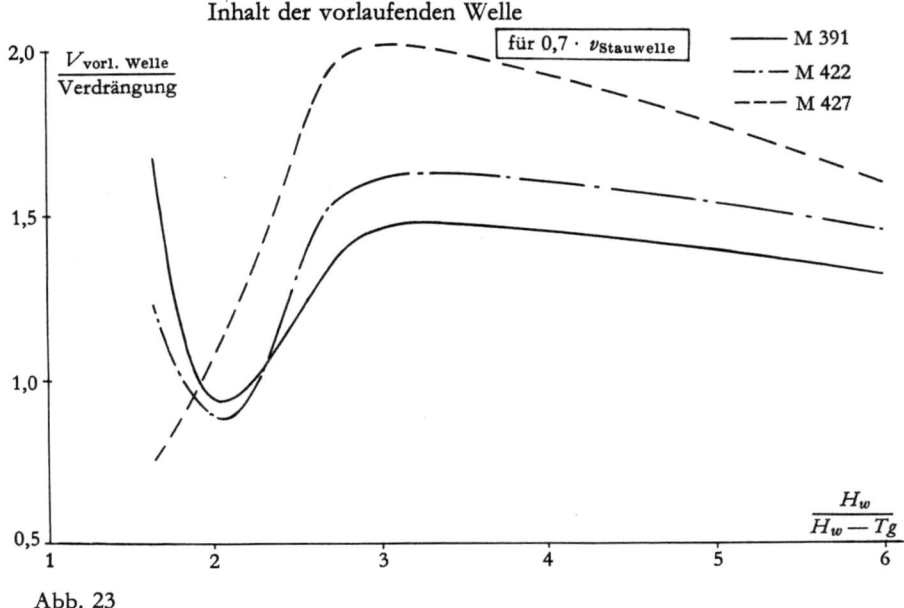

Abb. 23

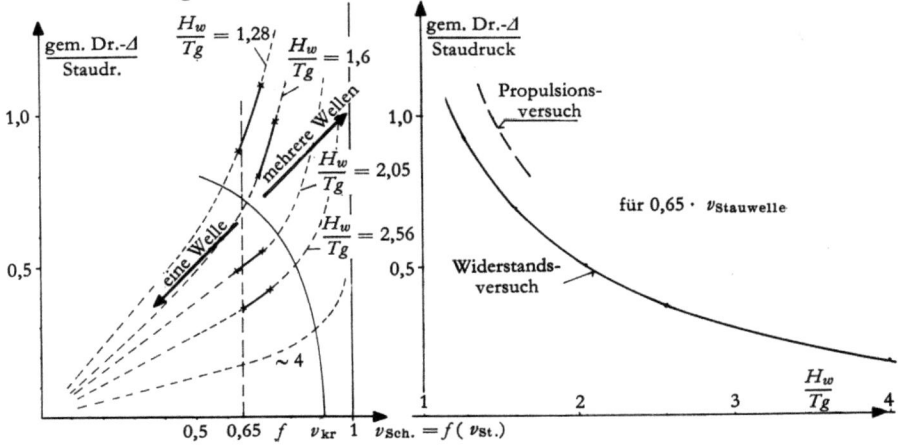

Abb. 24

$H_w = 200$ mm
$\Delta = 202{,}5$ kg
$v = 0{,}98$ m/s

M 391

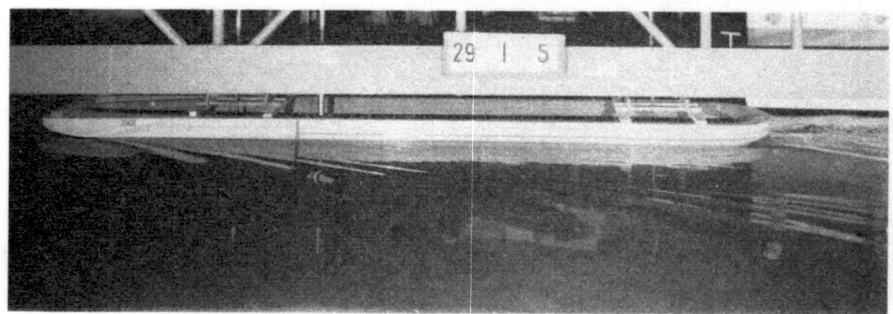

M 422

M 427

Abb. 25

$H_w = 320$ mm
$\Delta\ = 265$ kg
$v\ =\ 1{,}25$ m/s

M 391

M 422

M 427

Abb. 26

5. Zusammenfassung

Die Untersuchungen von Auswirkungen einer Verlängerung der Ellipsoid-Bugform auf eine Widerstandsverringerung ergibt die Bestätigung über die volle Wirksamkeit von gezielten Veränderungen an der Unterwasserform – besonders in dem interessierenden Geschwindigkeitsbereich – unter der Voraussetzung, das Überwasserschiff mit der bestmöglichen Form ausgestattet zu haben. Die Untersuchung hat über die eigentliche Zielsetzung hinaus weitere interessante Zusammenhänge über die Umströmung von Flachwasserschiffen geliefert.

6. Modelldaten

Modell	L_{WL} mm	B mm	T mm	$\delta_{L_{WL}}$	V_{dm^3}	Ω dm²	Lage des Verdrängungsschwerpunktes hinter ⊗ in % L
380	4062,5	510	125	0,782	202,4	258,01	2,7
422	4062,5	550	125	0,725	201,9	253,2	4,15
427	4062,5	591	138,8	0,607	202,57	248,3	4,56
380	4090	510	156,3	0,805	262,5	284	2,6
422	4091	550	156,3	0,755	264,8	279	3,9
427	4084	591	167	0,657	264,8	265	4,46

7. Schrifttumsnachweis

Verfasser in [1–8]:

[1] »Untersuchung von Mitteln zur Dämpfung der Bugwelle an Flachwasserschiffen«. FB 895/1960. Im gleichen Verlag erschienen.
[2] »Systematische Erfassung von örtlich am Schiff anzubringenden Stau bzw. Unterdruck erzeugenden Elementen zwecks Verringerung der Wellenhöhe und damit des Wellenwiderstandes«. Schiff und Hafen 9/1960.
[3] »Einfluß der Hauptspantform auf den Drehkreis von Flachwasserschiffen« – Teil I. Schiffstechnik, 28/1958.
[4] wie [3] – Teil II: Schrägschleppfahrten. Schiffstechnik 32/1959.
[5] »Dämpfung der Heckwelle bei Flachwasserfahrt«. Schiff und Hafen 3/1965. S. 188–196.
[6] »Örtliche Geschwindigkeitsverteilung an den Seiten und am Boden von Schiffen bei Flachwasserfahrten«. FB 691/1959. Im gleichen Verlag erschienen.
[7] »Systematische Erforschung des notwendigen Maßstabs von Schiffsmodellen zur Erzielung stationärer Grenzschichtverhältnisse bei vorgegebenen Schlepptanklängen«. Schiff und Hafen 3/1962.
[8] »Abhängigkeit der von schnellfahrenden Flachwasserschiffen erzeugten Wellen von der Schiffsform, besonders bei Spiegelheck und Tunnelform« – Teil II. Noch nicht veröffentlicht.
[9] HELM, K., »Optimale Formverhältnisse für schnelle Fahrgastschiffe auf Binnengewässern«. Schiff und Hafen 9/1961.

FORSCHUNGSBERICHTE DES LANDES NORDRHEIN-WESTFALEN

Herausgegeben im Auftrage des Ministerpräsidenten Dr. Franz Meyers
von Staatssekretär Prof. Dr. h. c. Dr.-Ing. E. h. Leo Brandt

SCHIFFAHRT

HEFT 211
*Prof. Dr.-Ing. Wilhelm Sturtzel
und Dr.-Ing. Werner Graff, Duisburg*
Die Versuchsanstalt für Binnenschiffbau, Duisburg,
Institut an der Rhein.-Westf. Technischen Hochschule
Aachen
1956. 37 Seiten, 22 Abb. 11,—

HEFT 333
*Versuchsanstalt für Binnenschiffbau e. V., Duisburg
Institut an der Rhein.-Westf. Technischen Hochschule
Aachen*
I. Der Strömungseinfluß auf den Form- und Reibungswiderstand von Binnenschiffen
II. Der Stömungseinfluß auf die Nachstrom- und Sogverhältnisse bei Binnenschiffen
1956. 31 Seiten, 14 Abb. DM 9,80

HEFT 366
*Prof. Dipl.-Ing. Wilhelm Sturtzel und Dipl.-Ing.
Hermann Schmidt-Stiebitz, Duisburg*
Bei Flachwasserfahrten durch die Strömungsverteilung am Boden und an den Seiten stattfindende Beeinflussung des Reibungswiderstandes von Schiffen
1957. 85 Seiten, 39 Abb., 28 Tabellen. DM 20,40

HEFT 475
*Prof. Dipl.-Ing. Wilhelm Sturtzel, Obering. Kurt Helm
und Dipl.-Ing. Hans Heuser, Versuchsanstalt für
Binnenschiffbau e. V., Duisburg*
Systematische Ruderversuche mit einem Schleppkahn und einem Binnenselbstfahrer vom Typ „Gustav Koenigs"
1958. 61 Seiten, 38 Abb., 5 Tabellen. DM 20,10

HEFT 476
*Dipl.-Ing. Hermann Schmidt-Stiebitz, Versuchsanstalt
für Binnenschiffbau e. V., Duisburg
Leiter: Prof. Dipl.-Ing. Wilhelm Sturtzel*
Einfluß der Hinterschiffsform auf das Manövrieren von Schiffen auf flachem Wasser
1958. 88 Seiten, 138 Abbildungen im Anhang, zahlr. Tabellen. DM 54,—

HEFT 561
*Dipl.-Ing. Hermann Schmidt-Stiebitz, Versuchsanstalt für Binnenschiffbau e. V., Duisburg
Leiter: Prof. Dipl.-Ing. Wilhelm Sturtzel*
Verbesserung des Wirkungsgrades von Düsenpropellern durch zusätzlich angeordnete Mischdüsen
1959. 33 Seiten, 11 Abb. DM 9,60

HEFT 617
*Prof. Dipl.-Ing. Wilhelm Sturtzel und
Dr.-Ing. Werner Graff,
Versuchsanstalt für Binnenschiffbau e. V., Duisburg*
Systematische Untersuchungen von Kleinschiffsformen auf flachem Wasser im unter- und überkritischen Geschwindigkeitsbereich
1958. 47 Seiten, 23 Abb., 12 Tabellen. DM 13,60

HEFT 618
*Prof. Dipl.-Ing. Wilhelm Sturtzel und
Dr.-Ing. Werner Graff,
Versuchsanstalt für Binnenschiffbau e. V., Duisburg*
Untersuchungen der in stehendem und strömendem Wasser festgestellten Änderungen des Schiffswiderstandes durch Druckmessungen
1958. 34 Seiten, 21 Abb. DM 10,10

HEFT 691
*Dipl.-Ing. Hermann Schmidt-Stiebitz,
Versuchsanstalt für Binnenschiffbau e. V., Duisburg
Leiter: Prof. Dipl.-Ing. Wilhelm Sturtzel*
Örtliche Geschwindigkeitsverteilung an den Seiten und am Boden von Schiffen bei Flachwasserfahrten
1959. 174 Seiten, 58 Abb., zahlr. Tabellen. DM 41,70

HEFT 746
*Dipl.-Ing. Hermann Schmidt-Stiebitz,
Versuchsanstalt für Binnenschiffbau e. V., Duisburg
Leiter: Prof. Dipl.-Ing. Wilhelm Sturtzel*
Untersuchung der das Wellenbild beim Übergang vom tiefen auf flaches Wasser beeinflussenden Faktoren
1959. 51 Seiten, 24 Abb. DM 14,80

HEFT 763
Dipl.-Ing. Hermann Schmidt-Stiebitz,
Versuchsanstalt für Binnenschiffbau e.V., Duisburg
Institut an der Rhein.-Westf. Technischen Hochschule
Aachen
Leiter: Prof. Dipl.-Ing. Wilhelm Sturtze
Untersuchung über den Ausbreitungswinkel der
Bug- und Heckwellen auf flachem Wasser
1959. 39 Seiten, 22 Abb. DM 12,40

HEFT 774
Dipl.-Ing. Hermann Schmidt-Stiebitz,
Versuchsanstalt für Binnenschiffbau e.V., Duisburg
Institut an der Rhein.-Westf. Technischen Hochschule
Aachen
Einfluß des Wellenbildes auf das Drehkreisverhalten von Flachwasserschiffen bei größeren Geschwindigkeiten
1959. 39 Seiten, 31 Abb. DM 13,10

HEFT 802
Prof. Dipl.-Ing. Wilhelm Sturtzel und
Dipl.-Ing. Hermann Schmidt-Stiebitz, Lehrstuhl für
Schiffbau an der Rhein.-Westf. Technischen Hochschule
Aachen, Institut: Versuchsanstalt für Binnenschiffbau
e. V., Duisburg
Die Widerstandsverhältnisse miteinander verbundener getauchter und halbgetauchter Körper und die Ermittlung gegenseitiger Beeinflussung, günstiger Formgestaltung und des Maßstabeinflusses bei Anhängen
*1959. 29 Seiten, 25 Abbildungen im Anhang.
DM 15,40*

HEFT 815
Prof. Dipl.-Ing. Wilhelm Sturtzel, Obering. Kurt Helm
und Dr.-Ing. Erich Schäle, Versuchsanstalt für Binnenschiffbau e. V., Duisburg
Versuche mit ummantelten Schraubenpropellern zur Ermittlung der Maßstab-Kennzahl
*1959. 61 Seiten, 2 Abb., 5 Tabellen, 36 Anlagen.
DM 18,70*

HEFT 845
Prof. Dipl.-Ing. Wilhelm Sturtzel und
Dipl.-Ing. Hermann Schmidt-Stiebitz, Lehrstuhl für
Schiffbau an der Rhein.-Westf. Technischen Hochschule
Aachen, Institut: Versuchsanstalt für Binnenschiffbau
e. V., Duisburg
Untersuchung der Einflußlänge eines durch Kreisspant idealisierten Schiffskörpers bei der Fahrt durch einen offenen Kanal mit konzentrischem Kreisquerschnitt
1960. 67 Seiten, 36 Abb. DM 23,40

HEFT 852
Prof. Dipl.-Ing. Wilhelm Sturtzel und
Dipl.-Ing. Hermann Schmidt-Stiebitz, Lehrstuhl für
Schiffbau an der Rhein.-Westf. Technischen Hochschule
Aachen, Institut: Versuchsanstalt für Binnenschiffbau
e. V., Duisburg
Klärung des widerstandserhöhenden Effektes bei Talfahrt von Binnenschiffen
1960. 62 Seiten, 46 Abb. DM 18,20

HEFT 868
Prof. Dipl.-Ing. Wilhelm Sturtzel und
Dipl.-Ing. Hans H. Heuser, Versuchsanstalt für
Binnenschiffbau e. V., Duisburg
Widerstands- und Propulsionsmessungen für den Normalselbstfahrer Typ „Gustav Koenigs"
1960. 89 Seiten, 40 Abb., zahlr. Tabellen. DM 24,30

HEFT 895
Prof. Dipl.-Ing. Wilhelm Sturtzel und
Dipl.-Ing. Hermann Schmidt-Stiebitz, Lehrstuhl für
Schiffbau an der Rhein.-Westf. Technischen Hochschule
Aachen, Institut: Versuchsanstalt für Binnenschiffbau
e. V., Duisburg
Untersuchung von Mitteln zur Dämpfung der Bugwelle an Flachwasserschiffen
1960. 37 Seiten, 19 Abb. DM 11,90

HEFT 1054
Prof. Dipl.-Ing. Wilhelm Sturtzel, Dr.-Ing. Werner
Graff und Dipl.-Ing. Klaus Suhrbier, Versuchsanstalt
für Binnenschiffbau e. V., Duisburg
Untersuchung der Erregung von mechanischen Schwingungen des Schiffskörpers auf flachem Wasser durch den Propeller
1961. 32 Seiten, 14 Anagen. DM 13,—

HEFT 1061
Prof. Dipl.-Ing. Wilhelm Sturtzel, Dr.-Ing. Werner
Graff und Schiffbau-Ing. Wilfried Nussbaum, Versuchsanstalt für Binnenschiffbau e. V., Duisburg
Grundsätzliche Untersuchungen über die Stabilität von Schiffen im Drehkreis
1962. 21 Seiten, 8 Anagen. DM 9,90

HEFT 1072
Prof. Dipl.-Ing. Wilhelm Sturtzel,
Dr.-Ing. Erich Schäle und Dipl.-Ing. Hans Heuser,
Versuchsanstalt für Binnenschiffbau e.V., Duisburg
Untersuchung der Manövriereigenschaften von geschobenen Fahrzeugen, die einzeln oder im Verband befördert werden, unter dem Einfluß von Strömung und Fahrwasserbeschränkung
*1962. 81 Seiten, 6 Abb., 2 Tabellen, zahlr. Anlagen.
DM 41,80*

HEFT 1110
*Prof. Dipl.-Ing. Wilhelm Sturtzel und
Dipl.-Ing. Hermann Schmidt-Stieblitz,
Versuchsanstalt für Binnenschiffbau e. V., Duisburg*
Untersuchung der Wasserspiegelabsenkung um ein Flachwasserschiff
1962. 36 Seiten, 26 Abb. DM 21,50

HEFT 1116
*Prof. Dipl.-Ing. Wilhelm Sturtzel und
Dipl.-Ing. Ulrich Adam,
Versuchsanstalt für Binnenschiffbau e. V., Duisburg
Institut an der Rhein.-Westf. Technischen Hochschule Aachen*
Untersuchung der Wirkungsgradverbesserungen von Propellern, erstens bei kleinem und zweitens bei großem Fortschrittsgrad durch Ummantelung mit Spaltdüsen
*1963. 45 Seiten, 51 Abb., 15 Tabellen im Anhang.
DM 9,—*

HEFT 1137
*Prof. Dipl.-Ing. Wilhelm Sturtzel und
Dr.-Ing. Werner Graff,
Versuchsanstalt für Binnenschiffbau e. V., Duisburg
Institut an der Rhein.-Westf. Technischen Hochschule Aachen*
Untersuchung über die Ausbildung optimaler Rundspantbootsformen
*1963. 63 Seiten, 19 Abb., 25 Tabellen, 3 Anlagen.
DM 37,50*

HEFT 1243
*Prof. Dipl.-Ing. Wilhelm Sturtzel und
Dipl.-Ing. Hermann Schmidt-Stiebitz,
Versuchsanstalt für Binnenschiffbau e. V., Duisburg
Institut an der Rhein.-Westf. Technischen Hochschule Aachen*
Untersuchung von Mitteln für verbesserte Manövriereigenschaften von Flachwasserschiffen
*1963. 68 Seiten, zahlreiche Abbildungen und Tabellen.
DM 41,80*

HEFT 1244
*Prof. Dipl.-Ing. Wilhelm Sturtzel,
Dr.-Ing. Erich Schäle und Ing. Dittberne,
Versuchsanstalt für Binnenschiffbau e. V., Duisburg*
Forschungsschiff ‚Fritz Horn', das schwimmende Laboratorium für schiffstechnische Großversuche der Versuchsanstalt für Binnenschiffbau e. V., Duisburg
1964. 83 Seiten, 27 Abb., 19 Anlagen. DM 54,80

HEFT 1272
*Dr.-Ing. Werner Graff,
Versuchsanstalt für Binnenschiffbau e. V., Duisburg
Direktor: Prof. Dipl.-Ing. Sturtzel*
Untersuchung über die beim Passieren von Schiffen auftretenden Kräfte und Momente
1963. 49 Seiten, 21 Anlagen. DM 24,—

HEFT 1316
*Dr. Franz Kolberg,
Institut für Mathematik und Großrechenanlagen an der Rhein.-Westf. Technischen Hochschule Aachen
Direktor: Prof. Dr. Hubert Cremer*
Theoretische Untersuchung des Begegnungs- oder Überholungsvorganges von Schiffen
1964. 80 Seiten, 13 Abb. DM 76,50

HEFT 1324
*Prof. Dipl.-Ing. Wilhelm Sturtzel und Dipl.-Ing. Adam,
Versuchsanstalt für Binnenschiffbau, Duisburg*
Untersuchung der Wirkungsgradverbesserung an Spaltdüsensystemen durch optimale Gestaltung des Diffusorauslaufs
*1964. 36 Seiten, 69 Abb., 22 Tabellen im Anhang.
DM 58,—*

HEFT 1431
*Prof. Dipl.-Ing. Wilhelm Sturtzel und Dipl.-Ing. Ulrich Adam, Versuchsanstalt für Binnenschiffbau Duisburg,
Institut an der Rhein.-Westf. Technischen Hochschule Aachen*
Untersuchungen über den Einfluß der Spaltbreite zwischen Propelleraußenrand und Düseninnenwand auf den Wirkungsgrad von ummantelten Kaplanschrauben
1965. 50 Seiten, 53 Abb., 23 Tabellen. DM 51,80

HEFT 1590
*Prof. Dipl.-Ing. Wilhelm Sturtzel und
Dr.-Ing. Hermann Schmidt-Stiebitz,
Versuchsanstalt für Binnenschiffbau e. V., Duisburg*
Untersuchung von Ellipsoidformen zwecks Widerstandsverminderung von Flachwasserschiffen
75. Mitteilung der VBD.

HEFT 1623
*Prof. Dipl.-Ing. Wilhelm Sturtzel und
Dr.-Ing. Werner Graff,
Versuchsanstalt für Binnenschiffbau e. V., Duisburg*
Untersuchung über die gegenseitige Beeinflussung der Geschwindigkeit und des Kurshaltens beim Überholen eines Schleppzuges durch einen anderen Schleppzug oder einen Selbstfahrer
77. Mitteilung der VBD. *In Vorbereitung*

HEFT 1724
Prof. Dipl.-Ing. Wilhelm Sturtzel, Dr.-Ing. Werner Graff und Ing. J. Landgraf, Versuchsanstalt für Binnenschiffbau e. V., Duisburg. Institut an der Rhein.-Westf. Technischen Hochschule Aachen
Untersuchung über den Einfluß des Modellmaßstabes und der Kennzahl auf die Versuchsergebnisse von Schiffsrudern *In Vorbereitung*

HEFT 1725
Prof. Dipl.-Ing. Wilhelm Sturtzel, Dr.-Ing. Werner Graff und Dipl.-Ing. E. Müller, Versuchsanstalt für Binnenschiffbau e. V., Duisburg. Institut an der Rhein.-Westf. Technischen Hochschule Aachen
Untersuchung der Verformung der Wasseroberfläche durch die Verdrängungsströmung bei der Fahrt eines Schiffes auf seitlich beschränktem, flachem Fahrwasser *In Vorbereitung*

HEFT 1726
Prof. Dipl.-Ing. Wilhelm Sturtzel, Dr.-Ing. Werner Graff und Dipl.-Ing. P. Jusczyk, Versuchsanstalt für Binnenschiffbau e. V., Duisburg
Untersuchung der bei Kurvenkraft auf flachem Wasser auftretenden hydrodynamischen Kräfte am Schiffskörper *In Vorbereitung*

HEFT 1727
Prof. Dipl.-Ing. Wilhelm Sturtzel und Dr.-Ing. Hermann Schmidt-Stiebitz, Versuchsanstalt für Binnenschiffbau e. V., Duisburg
Untersuchung der Querkräfte und der Propulsionsgütegrade von Spaltdüsen mit steuerbarer Sekundärdüse
80. Mitteilung der VBD
In Vorbereitung

Verzeichnisse der Forschungsberichte aus folgenden Gebieten können beim Verlag angefordert werden:
Acetylen/Schweißtechnik – Arbeitswissenschaft – Bau/Steine/Erden – Bergbau – Biologie – Chemie – Eisenverarbeitende Industrie – Elektrotechnik/Optik – Energiewirtschaft – Fahrzeugbau/Gasmotoren – Druck/Farbe/Papier/Photographie – Fertigung – Funktechnik/Astronomie – Gaswirtschaft – Holzbearbeitung – Hüttenwesen/Werkstoffkunde – Kunststoffe – Luftfahrt/Flugwissenschaften – Luftreinhaltung – Maschinenbau – Mathematik – Medizin/Pharmakologie/NE-Metalle – Physik – Rationalisierung – Schall/Ultraschall – Schiffahrt – Textilforschung – Turbinen – Verkehr – Wirtschaftswissenschaften.

WESTDEUTSCHER VERLAG · KÖLN UND OPLADEN
567 Opladen/Rhld., Ophovener Straße 1-3

MIX
Papier aus verantwortungsvollen Quellen
Paper from responsible sources
FSC® C105338

If you have any concerns about our products,
you can contact us on
ProductSafety@springernature.com

In case Publisher is established outside the EU,
the EU authorized representative is:
**Springer Nature Customer Service Center GmbH
Europaplatz 3, 69115 Heidelberg, Germany**

Printed by Libri Plureos GmbH
in Hamburg, Germany